SOY
MERUÉNDANO

Texto, ilustraciones y maquetación: Marta González Blázquez

Contacto: bajoelhelecho@gmail.com
Síguenos en Instagram: @colección_maleza

2

Me llamo Meruéndano y soy...
¡la fresa silvestre!
Mi nombre científico es
Fragaria vesca y soy una especie
completamente diferente de las
fresas que se venden hoy en día
en las tiendas.

Ya me comían tus antepasados en la Prehistoria. Sí, sí, numerosos hallazgos arqueológicos han demostrado que los seres humanos me conocéis desde hace miles de años.

En las antiguas Grecia y Roma
me valoraban hasta tal punto
que algunos de los poetas más famosos,
como Ovidio, me dedicaron versos.

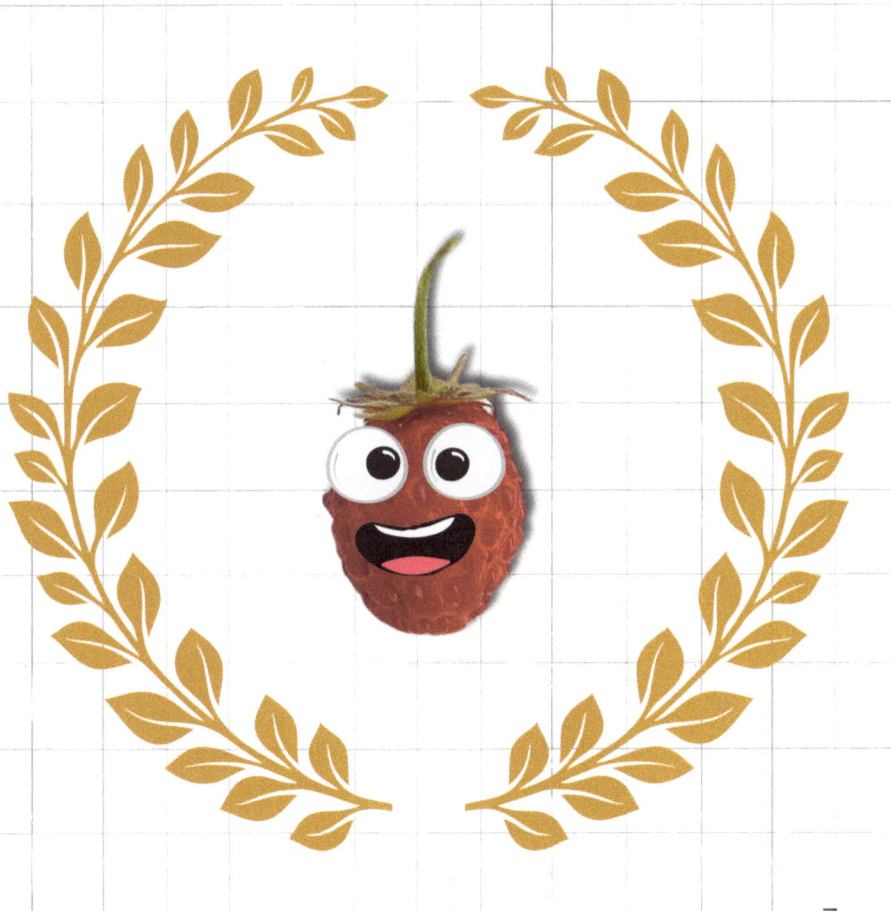

Yo era la fresa más consumida en
Europa y hasta se me cultivó,
pero acabé quedando olvidada debido
a la llegada de las fresas de tamaño
más grande traídas de América.

Sigo siendo todo un manjar,
pues mi sabor es muy intenso.
Además de en fruterías y viveros
especializados, puedes encontrarme
donde siempre he estado:
¡en el bosque!

Me gusta formar una alfombra
de hojas, flores y frutos en el
suelo del bosque.
Aguanto bastante bien las pisadas
y, así, ayudo a mantener la
humedad del suelo.

14

Soy realmente fácil de reconocer.
Mis hojas son trifoliadas*, lo que quiere
decir que tienen tres partes
(como los tréboles).
Además, tengo flores blancas de
cinco pétalos con polen amarillo.
Y, por supuesto, las fresas,
que son pequeñitas:
miden entre 1 y 2 centímetros.

* Tri = tres, folias = hojas.

Existe una planta muuuy parecida a mí
que es, además, invasiva:
se trata de la falsa fresa o
Potentilla indica, pero ella tiene
las flores amarillas y sus frutos,
casi iguales que los míos,
apenas tienen sabor.

¡Esta... no soy yo!

Potentilla indica

Potentilla indica

17

Puedes comerme como a cualquier otra fresa: mermeladas, gelatinas, con yogur... y, por supuesto, sola.

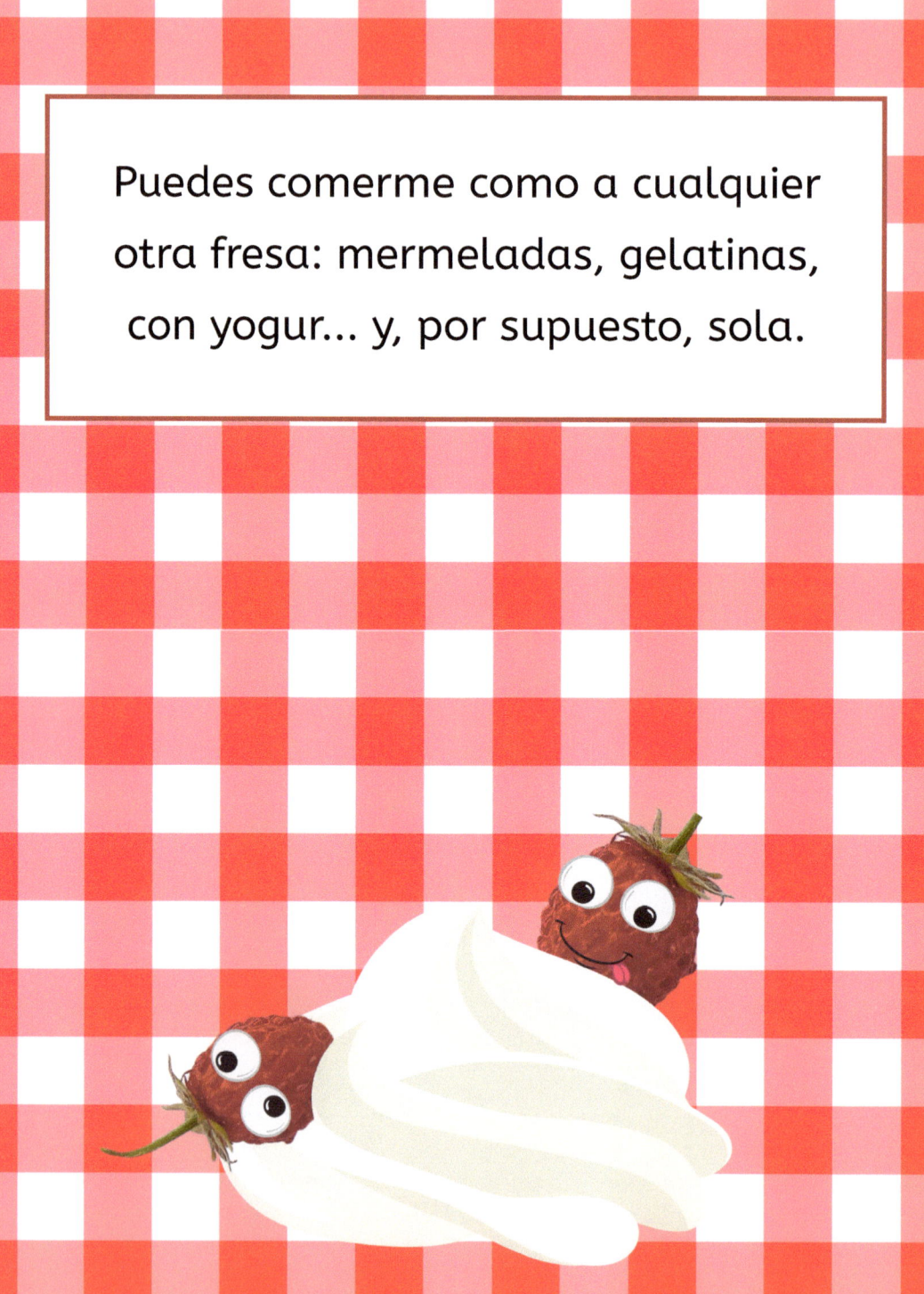

Batido helado de meruéndanos

Necesitarás (para 4 personas):
- dos puñado de meruéndanos
- un plátano congelado*
- 2 vasos de leche o bebida vegetal
- 1 yogur natural o griego

Lava bien los meruéndanos con agua fría. Bate juntos todos los ingredientes, reparte en recipientes individuales y disfrutad inmediatamente.

* Pélalo y trocéalo antes de congelarlo. Puedes hacer esto con los plátanos que están muy maduros y hacer batido helado cuando te apetezca.

Mis hojas son astringentes, es decir, que te ayudarán en caso de diarrea. También tengo propiedades antisépticas y ligeramente antibacterianas, por lo que puedes usar mis hojas en infusión para curar heridas leves o para hacer gárgaras si te duele la garganta.

Tenerme cerca de tí es
realmente fácil, ya que me
reproduzco muy rápido y vivo
feliz con algo de sombra,
humedad y tierra, incluso
en una maceta. Sólo necesitas
cortar uno de mis estolones.

Los estolones son unos tallos
que salen de la planta principal
y se alejan de ella para, a cierta
distancia, crear otra planta.

Si me recoges en el campo,
ten en cuenta que estoy
muuuy cerca del suelo
y que puedo tener pis o caca.
Mejor cómeme sólo si me
encuentras en caminos por donde
no pase mucha gente y,
siempre, lávame.

Recuerda, por favor, no dejar basura por ahí tirada.

Mejor aún: ¡recoge la que encuentres!
Así mi entorno estará mucho
más limpio y podrás disfrutar de
más deliciosas fresas en tus excursiones.
¡Nos vemos en el bosque!

La Colección Maleza al completo.
¿Ya nos conoces a todas?

Recorta esta ficha y plastifícala para poder llevarla a tus excursiones. Así, podrás asegurarte de que me reconoces cuando me encuentres.
¡Nos vemos en el campito!

MERUÉNDANO
Fragaria vesca

Hábitat: suelo del bosque.

Descripción: entre 10 y 15 cm de altura. Hojas trifoliadas (tres partes), flores blancas de cinco pétalos con polen amarillo. Frutos rojos con sabor intenso a fresa.

Confusiones: con la falsa fresa (Potentilla indica), reconocible por sus flores amarillas. Su fruto casi no tiene sabor.

Usos: fruto comestible.

Propiedades medicinales: hojas astringentes, antisépticas, antibacterianas.

Recolección: los frutos se recogen desde mayo hasta julio o agosto.

1 cm